BÊTES A CORNES

ET FOURRAGES

DE CONSTANTINE

PAR

Romuald DEJERNON

CONSTANTINE

TYPOGRAPHIE L. ARNOLET, AD. BRAHAM, SUCCᵣ

—

1881

BÊTES A CORNES

ET FOURRAGES

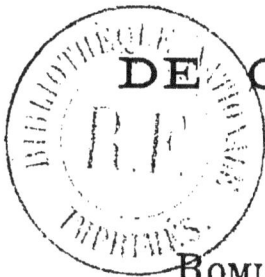

DE CONSTANTINE

PAR

Romuald DEJERNON

CONSTANTINE

TYPOGRAPHIE L. ARNOLET, AD. BRAHAM, SUCCʳ

—

1881

BÊTES A CORNES

ET FOURRAGES

DE CONSTANTINE

I. *La vigne et le bétail en Algérie*

L'étude à laquelle nous nous livrons depuis
quatre ans, en Algérie, nous a presque toujours
montré la ruine ou l'abandon des fermes qui ont
basé leur exploitation sur la culture exclusive des
céréales : presque toujours la misère a été la
part des producteurs de grains qui n'ont pas su

chercher un point d'appui et des bénéfices dans la culture de la vigne et dans l'élève du bétail.

Les faits doivent avoir démontré à ceux qui réfléchissent et qui comptent que dans la province de Constantine la vigne et le bétail doivent se substituer sur plus de la moitié des terres à la culture si peu rémunératrice du blé. — Au point de vue du bénéfice, quelle est, en effet, la ferme algérienne appuyée sur la culture de la vigne et sur la production du bétail qui ne dépasse en résultats heureux les exploitations les plus riches et les mieux tenues qu'il y ait en France ?

Nous ne voulons pas jeter le découragement chez les nombreux producteurs d'autres denrées qui, eux aussi, apportent des éléments de prospérité à l'Algérie. — Nous croyons qu'il faut venir en aide à cette variété de productions qui se diversifient dans la colonie bien mieux que nulle autre part. — Orangers, citronniers, mûriers, amandiers, dattiers, oliviers, tous les légumes, tous les fruits de table, toutes les fleurs à parfums, toutes les fleurs à bouquets, toutes les céréales, toutes les essences arbustives, sagement combinés sur un domaine, deviendront la source de grands profits. — Mais nous pensons que, sans rien négliger de ce que peut produire la terre africaine, c'est surtout la culture de la vigne et du bétail qui doit constituer la fortune des colons, comme la richesse de la colonie; que, mieux que les autres productions, la vigne et le bétail sont appelés à faire la colonisation, à alimenter le commerce et à féconder les intérêts individuels et nationaux.

Les vignes et les fourrages, et, par ces derniers, les bestiaux, sont les branches les plus importantes de la production de l'avenir; les céréales doivent tendre chaque jour à diminuer leurs surfaces pour faire place à ces cultures plus en harmonie avec le climat et un sol tourmenté, avec les exigences de notre époque et les nécessités du commerce.

La culture des céréales n'est-elle pas menacée dans son existence même par les productions de l'Amérique, de la Hongrie, de la Russie et d'autres États exportateurs de grains? — La Russie d'Europe produit 400 millions de quintaux; l'Allemagne, 200 millions; la France, 105 millions; l'Autriche-Hongrie, 112 millions; l'Angleterre, 97 millions; l'Italie, 50 millions;

la Roumanie, 37 millions; l'Espagne, 33 millions; la Turquie d'Europe, 30 millions; la Belgique, 48 millions; les autres peuples de l'Europe, 80 millions; Les États-Unis, 400 millions; le Canada, l'Égypte, l'Australie, plus de 50 millions; — de plus, l'Amérique nous inonde de ses laines, de ses viandes abattues : elle commence déjà à nous jeter ses bestiaux vivants.

Répétons-le : l'étude un peu attentive des résultats de la culture conduit à ce fait que les céréales ne peuvent assurer la prospérité de l'agriculteur algérien; qu'elles lui permettent à peine de vivre misérablement, tandis que la vigne et le bétail lui donnent la fortune.

II. *Entrainement vers la viticulture*

Dans la province de Constantine, la vigne est prodigue. — Elle donne au printemps des masses de fleurs; à l'été, des feuilles innombrables du plus beau vert; à l'automne, des trésors de raisins blancs, roses, rouges, noirs, jaunes, ambrés; elle offre, à la taille de l'hiver, de magnifiques sarments, riches de sève accumulée, gros et longs. — Qu'on plante la vigne au pied d'un arbre, elle s'élance, après l'avoir enlacé, pour aller chercher l'air et le soleil par ses tiges aventureuses au-dessus des plus hautes branches, et ses pampres en descendent en festons et couverts de fruits. — Elle ne craint pas la roche volcanique, les sables granitiques, les schistes lamellaires ; ses racines pénétrantes en fouillent les entrailles, et y trouvent les éléments qui constituent ses riches produits.

Une telle exubérance devait imprimer à la viticulture algérienne une marche forcée; les lois économiques et sociales, la concurrence commerciale des peuples, la suppression des distances par la vapeur, et surtout le phylloxéra qui a atteint et décime la vigne dans l'Europe entière, devaient de même la jeter en avant. — Aussi, depuis quelques années, a commencé pour elle une ère de développement rapide; la vigne étend de plus en plus ses cultures. — Au mouvement d'accroissement de chaque jour, on doit prévoir sûrement que, dans peu de temps, les vins algériens entreront pour une large part dans l'alimentation européenne. — Ce mouvement ne peut se ralentir, nul pays n'ayant plus que l'Algérie des motifs pour s'y abandonner en toute confiance : terres en plaines ou coteaux mamelonnés, climat, situation géographique, cépages abondants et cépages fins.

La grande culture algérienne est la culture de la vigne ; c'est en elle que la colonie, qui l'a compris, puisera sa richesse, sa force et sa renommée. — Mais, la province de Constantine ne doit pas s'arrêter après ce premier effort; il faut qu'elle tende à perfectionner sa seconde source de richesses, — le bétail. ·

III. *L'agriculture doit marcher du même pas*

L'agriculture algérienne n'a pas marché d'un pas aussi rapide que la viticulture dans la voie féconde des améliorations, parce qu'elle a manqué de guides et qu'elle ne croit pas à sa force. — On peut presque la comparer à un paralytique imaginaire qui ne saurait faire un mouvement parce qu'il est convaincu qu'il n'y parviendrait pas. — Qu'elle secoue sa timidité, elle marchera, prospèrera; son mal est dans son peu de confiance en elle-même; qu'elle triomphe de ses craintes, et, avec son intelligence, aidée par ses terres et par son climat, elle donnera à tous l'exemple d'un rapide progrès. — Le cultivateur n'ose rien changer à ses habitudes, et son esprit fermé à l'idée nouvelle le laisse stationnaire, pendant que tout s'agite et avance en Europe; qu'il modifie ses cultures; le moment est venu d'inaugurer l'ère des entreprises fécondes, de répandre la vie dans les champs comme elle est déjà répandue dans les vignes, d'y stimuler l'initiative individuelle, de donner, en un mot, une force énergique à l'activité productrice.

Le colon le voudra-t-il ? — S'il le veut, il aboutira.

Qu'on se souvienne du point de départ. — A cette heure, on trouve le colon luttant contre des obstacles qui d'abord paraissent invincibles : terrains à défricher, climat auquel il faut habituer le corps, insalubrité, fièvres continues, pas de sécurité pour les personnes ni pour les récoltes, pas d'instruments ou des instruments défectueux, ignorance absolue des lois qui régissent les plantes sous le ciel africain, et, par suite, incertitude dans toutes les entreprises, pas de voies de communication, des denrées alimentaires chères, des matériaux de construction hors de prix et souvent presque impossibles à trouver.

Qui donc, avec de tels moyens, a jamais réalisé autant d'améliorations et de progrès que le colon algérien? — Le travail agricole intelligent et soutenu nous a seul doté des cultures les plus variées, des plantations de toutes sortes. — A lui seul sont dues les vraies conquêtes du sol; ces transformations féériques de solitudes enfiévrées en charmantes habitations rurales, avec leurs jardins, leurs vergers, leurs champs, leurs prairies, leurs riantes plantations de vignes.

L'agriculture algérienne, avec un passé si plein d'espérances, n'a pas le droit de rester inerte ou indifférente devant le mouvement qui se produit partout : elle doit accentuer sa marche, et arriver à un meilleur équilibre des forces qui, par leur fusion, constituent la grandeur d'une nation. — Toute société qui néglige son agriculture est menacée dans son essence même — c'est dans l'agriculture surtout que réside sa vitalité. — Que d'exemples de cette vérité sont fournis par l'histoire! — Rome a été la maîtresse du monde tant que ses champs ont été féconds et riches; cette fertilité s'affaiblit-elle, sa puissance diminue; ses terres sont-elles épuisées par l'abus d'une culture à outrance, Rome disparaît des sociétés. — Sous Auguste, les terres entraient en décadence, et sous les empereurs qui lui succèdent, la pauvreté du sol grandissait en même temps que le chiffre de la population diminuait; il fallait emprunter à l'Asie et aux côtes d'Afrique les blés nécessaires à l'alimentation, et la contrée où s'étaient élevées des villes florissantes devenait les Marais-Pontins. — Ce que nous disons de Rome s'applique aussi à la Grèce dont la puissance a été s'éteindre dans la dépopulation emmenée par l'appauvrissement du sol. — C'est l'agriculture qui fait les bras les plus forts, et les cœurs les plus fermes.

IV. *Bétail, fourrages, engrais*

Nous faisons appel à tous. — Pour pouvoir résoudre cette grande question d'utilité publique, le bétail, il faut le concours de tous les colons, qu'ils soient propriétaires, fermiers ou ouvriers. — L'action de tous est indispensable pour arriver à la vérité et pour la répandre. — Seul, nous ne pouvons rien. — Le temps nous manque, et l'on écrit difficilement sur les grandes routes, dans les wagons de chemin de fer ou dans les cabines des bâteaux à vapeur. — Puis, nous ne sommes pas docteur en zootechnie, et ce n'est qu'en hésitant que nous marchons dans une science qui, comme on l'a déjà dit, menace d'être aussi incompréhensible que la philosophie allemande. — Mais, convaincu comme nous le sommes que l'amélioration du bétail est le moyen le plus sûr de faire prospérer l'agriculture, nous venons dire les moyens qui nous paraissent les plus propres à perfectionner une race appelée à donner en quantités notables de la viande et du travail. — Nous croyons vraie et applicable notre idée ; mais nous sommes prêt à la modifier sous les justes critiques qu'elle peut mériter ; notre principal but est de soulever une discussion sur des cultures qui sont appelées à jouer le rôle le plus fécond pour la prospérité de l'Algérie.

En agriculture, c'est le bétail qui tient le premier rang. — Les fermes les plus fertiles du monde lui doivent leur prospérité : l'agriculture anglaise n'est devenue si riche que par l'élève du bétail.

Le bétail produit le travail, le lait, la viande, l'engrais ; de plus, il fournit à certaines industries les matières premières qui leur sont indispensables; il est, en même temps que le moyen, le but du progrès agricole.

L'élève du bétail étant l'auxiliaire indispensable de toute agriculture progressive, on doit tendre à donner aux races algériennes le plus de valeur possible, et les élever à ce degré où elles pourront rendre le plus de services. — Avec un bétail perfectionné et bien nourri, on arrive à la viande à bon marché, et, avec la viande à bon marché, on arrive, avec l'aide des engrais qu'il produit, à la vie à bon marché.

Une révolution agricole est aujourd'hui nécessaire en Algérie; on ne peut plus compter sur la nature seule; avec la concurrence que font à la colonie tous les peuples, avec les habitudes sociales chaque jour plus exigentes, les produits doivent être plus nombreux et meilleurs qu'autrefois.

Les visiteurs des concours régionaux algériens s'exclament devant les progrès de l'industrie rurale de la colonie, à la vue de beaux animaux de choix, de magnifiques produits du sol et de riches collections d'instruments; ils ne savent pas que les 90/100 des agriculteurs ignorent ces progrès, et ne pourraient ni prendre part à ces splendides exhibitions, ni souvent les comprendre. — L'agriculture qui se fait représenter par ses plus beaux échantillons dans ces concours, n'est pas l'agriculture coloniale. — Si l'on ose jeter un regard sur la production de la grande majorité des villages, le spectacle est attristant, et l'on voit vite que beaucoup de colons sont aux prises avec la misère, parce qu'ils sont dominés par les idées économiques les plus fausses, et qu'ils sont dans l'ignorance la plus complète des procédés qui doivent être mis en œuvre pour pour faire sortir du sol la richesse. — Que de cultivateurs vivent à force d'épargnes sur une terre qu'ils appauvrissent constamment, la loi de restitution leur étant inconnue ! — D'autres ne songent qu'à jouir vite et beaucoup, et par suite la terre est par eux exploitée à outrance et sans prévoyance.

Le fourrage ! tel est le pivot sur lequel doit s'appuyer une agriculture intelligente et progressive. — Avec le fourrage, c'est-à-dire avec l'engrais qu'il produit, la terre sera une caisse d'épargne à l'abri et au-dessus de tous les caprices humains ; ainsi traitée, elle deviendra la source inépuisable où s'abreuveront les générations actuelles, et que celles-ci lègueront aux générations futures. — Avec les engrais seulement, l'Algérie doit se montrer dans toute sa force de travail, d'intelligence, de productivité.

Engraisser largement les terres. — Seules, les terres riches ne se ressentent pas trop des intempéries de l'atmosphère.

La terre cède aux plantes les éléments constitutifs de leur organisation; mais elle perd ainsi de sa force productive; on doit lui rendre tout ce qu'elle a donné; sans quoi, elle s'appauvrit. Le principe aujourd'hui certain, c'est que le sol n'est pas inépuisable, et que pour maintenir sa fécondité, il faut lui restituer les éléments que les récoltes lui enlèvent; M. Dumas a dit : « Toute agriculture qui ne reconstitue pas le sol est désastreuse ». L'engrais n'apporte pas seulement des éléments nutritifs à la plante; mais, encore, il rend assimilables d'autres éléments qui n'auraient pu jouer un rôle que dans un avenir lointain; il active leur fonctionnement utile. — Les luxuriantes récoltes ne sont fournies que par les plantes auxquelles on a donné de la nourriture à l'excès, c'est-à-dire beaucoup d'engrais.

On doit accepter comme vérités : 1° Que les récoltes sont d'autant plus belles que les fumures sont plus fortes; 2° Que les plus grosses récoltes sont celles qui coûtent le moins cher; 3° Que dépenser beaucoup par hectare, c'est dépenser peu par hectolitre.

Les engrais se perdent sur de grandes surfaces; les récoltes y sont faibles; on accroit, en agissant ainsi, le coût des travaux, des loyers, des semences, c'est-à-dire le prix de revient de la denrée produite. — Pour réussir, il faut concentrer les fumiers sur un point, au lieu de les répandre sur dix. — N'embrasser que ce qu'on peut étreindre.

L'emploi des engrais complémentaires devrait aussi se généraliser; là est le meilleur moyen d'avoir des récoltes toujours rémunératrices, tout en conservant ou accroissant la fertilité du capital *terre*.

Dans la généralité des exploitations, le bétail est donc le dispensateur de la fertilité du sol; et le cultivateur, ami de ses intérêts, augmentera autant que possible sa sole de fourrages, afin d'augmenter le nombre de ses bestiaux, et, par suite, la masse de ses engrais.

Il doit être accepté par tous que si dans une exploitation on exporte chaque année, sous forme de grains ou de tout autre produit, d'énormes quantités de matières fertilisantes, on doit en opérer la restitution, sous peine de voir la terre perdre d'une manière lente mais continue sa puissance productive.

En Algérie, ne se rencontrent pas ces industries, la fabrication du sucre par exemple, qui, vendant leurs denrées et en retirant des prix qui couvrent tous les frais, produisent des masses d'engrais qu'on restitue au sol. — Les agriculteurs africains sont forcés de se tenir dans les limites d'une culture médiocrement intensive, ou de recourir à l'achat de matières fertilisantes. — Le fourrage doit combler cette lacune et donner les fumiers nécessaires pour l'entretien ou l'amélioration du sol ; il doit aider à l'application de cette loi agricole (le bétail se mesure au fourrage, le fumier se mesure au bétail, les récoltes se mesurent aux fumiers). — A voir la presque généralité des cultures de l'Algérie, ne dirait-on pas que l'homme a pour but de dévaster la terre, comme ferait un conquérant, et, cela, de façon à ne laisser après son passage que ruines et misères.

V. *Débouché du bétail*

La loi de l'offre et de la demande doit régir l'agriculture algérienne; comme celle des pays du Nord de la France, elle doit viser au débou-ché assuré. — Or, avec le fourrage abondant et de première qualité, craint-on de ne pouvoir se défaire avantageusement du nombreux bétail qu'on élèvera ou qu'on engraissera? — Le prix de ce dernier n'augmente-t-il pas de jour en jour, et nos lois économiques, comme nos habitudes de confortable, n'assurent-elles pas l'accroissement progressif de ce prix ? — Le seul marché de la Villette reçoit par an un million de moutons venus de l'Allemagne, de la Russie, de la Hongrie.

En 1880, au même marché de la Villette, il s'est vendu 442 bœufs américains pour le mois de juin et 616 pour le mois de juillet. — Il est évident que ce n'est pas là le chiffre de tous les bœufs importés en France. — La province en a reçu une large part dont ne parlent pas les statistiques.

L'Australie et le Canada exportent aussi beaucoup de bétail en Europe.

De nombreux steamers, spécialement aménagés pour le transport du bétail vivant, vont régulièrement de New-York aux ports anglais, et voici quelques chiffres qui doivent être relevés. (en 1880, dans la période écoulée du 7 au 18 juin, soit pendant 12 jours, il est entré, dans le seul port de Liverpool, 17 steamers ayant à bord 4,159 bœufs et 2,974 moutons vivants; le port de Londres a reçu 14 steamers avec 3,786 bœufs et 2,709 moutons; enfin, 4 steamers ont débarqué à Hull, Bristol et Southampton 986 bœufs et 1,076 moutons; soit, pour ces cinq ports seuls, un mouvement de 35 vapeurs, ayant amené, outre leur cargaison ordinaire, 8,931 bœufs et 6,759 moutons de provenance américaine).

La consommation de la viande est loin d'avoir atteint son apogée, et pour longtemps encore il doit être avantageux pour l'Algérie de la produire en grandes masses : — la colonie n'a-t-elle pas intérêt à venir en aide à l'affranchissement du tribut que la France paie à l'étranger pour son alimentation, et ne doit-elle pas tendre à substituer ses exportations de viandes aux exportations américaines pour la consommation de l'Europe entière?

2

Qu'on se jette dans l'industrie du bétail avec
une persévérante intelligence, et l'on comprendra
promptement qu'en même temps qu'elle fait la
fortune de chacun elle satisfait à toutes les exigences de la consommation intérieure comme
aux demandes de l'exportation.

VI. *Le bétail constantinois.*

Le problème pour l'amélioration des races
bovines est encore entier en Algérie, avec ses
difficultés et ses incertitudes. — Il est plus com-
plexe que celui qui a trait aux cultures ou aux
machines ! — Ici, on a affaire à la nature inerte ;
là, à la nature vivante. — Ici, tout est passif;
là, tout est animé. — Ici, pas de résistance de
la part de la matière; là, réaction du nerf animal qu'on veut modifier.

Dans tous les pays, le climat et le régime ont
formé des races diverses qui sont toujours l'expression du milieu naturel. — L'homme est-il
intervenu, c'est encore en s'appuyant sur le
climat et l'alimentation qu'il a formé des races
qui sont devenues à la fois l'expression du milieu

naturél et celle de ses besoins personnels. —
C'est par ce dernier procédé qu'ont été créés
les Durham, les Dévon, les Disley, les South-
down.

Selon le climat, selon la nourriture, l'animal
prendra de la taille et de la force, ou sera apte
à donner du lait ou de la viande. — Que l'homme
n'intervienne pas, et les caractères, d'abord in-
décis, prendront de la fixité et deviendront in-
délébiles; ils n'étaient, au début, qu'accidentels,
ils vont être transmissibles par voie d'héridité.
— Voilà une race. — L'Algérie possède une
race ainsi constituée, qui doit tout au sol et au
climat, et qui s'est fixée, en dehors de l'action
de l'homme, par l'hérédité et l'exclusion des
races étrangères.

Dans la province de Constantine, spécialement, la variété du climat, la divergence de richesse des terres ont amené une certaine diver-
sité dans la production animale; de plus, et en
dehors de ce fait, les bestiaux s'y croisent et s'y
mêlent d'une façon inextricable. — Enfin, quelques éleveurs fantaisistes, d'ordinaire éleveurs
de passage, réunissent dans la même étable des
animaux si disparates qu'on peut les comparer
à une colonie nomade de transfuges de tous les

pays. — Aussi, l'incohérence des résultats ré-
pond-elle souvent à l'absence ou à l'incohérence
de systèmes.

Généralement, la race est sobre et rustique;
elle a l'ossature légère et la peau fine, ce qui
indique l'aptitude à prendre la graisse; elle a peu
de lait; elle est vive, résistante, mais a peu de
force; elle est insensible au froid, à la chaleur,
à la pluie, à la neige; elle s'assimile complètement et facilement des herbes, des racines
qu'elle seule peut utiliser. Les labours, les charrois sont faits par elle; c'est une race de travail
par excellence. Par les diverses aptitudes qui
la caractérisent, elle s'adapte merveilleusement
aux conditions si variées de la province; elle est
bien le produit du sol; elle a été formée par le
temps et les circonstances qui lui ont imprimé
un caractère qui lui est propre, qui la distinguera
toujours des autres espèces. — Une autre race
ne résisterait pas dans les conditions où elle vit;
nulle autre ne saurait y donner autant de produits qu'elle. — Sans doute, elle est inférieure
aux races perfectionnées pour la précocité, pour
l'ampleur des formes, pour la production du lait
et de la viande; mais elle leur est supérieure
pour l'ardeur et la résistance au travail, pour

l'agilité, pour la sobriété. — Elle offre un en-
semble de qualités et de défauts qui fait d'elle
un type unique.

On admet volontiers deux races dans le département : — la race des vallées et des contrées
riches, — la race des montagnes et des contrées
pauvres. — Mais ces deux races ont la même
origine. — Si elles ont quelques traits qui les
distinguent, elles les doivent au milieu dans
lequel elles ont vécu.

Les vallées sont splendides; la nature s'y
montre généreuse et féconde; le bétail y vit au
milieu d'herbes plantureuses; aussi, s'est-il perfectionné tout seul, sans soins, sans travail de
la part de l'éleveur. — Ainsi s'est formée la
race dite de Guelma.

La race de la montagne n'a pu atteindre un
grand développement à cause de la sécheresse
qui pendant l'été brulait les herbes, à cause du
peu de nourriture qu'elle recevait et des fatigues
qui lui étaient imposées; elle a pour partage la
sobriété, la rusticité; elle est bien appropriée au
pays accidenté qu'elle habite.

Les animaux de montagne ont l'aspect plus
sauvage, le poil plus rude et sont de plus petite

taille que ceux qui habitent les vallées et les coteaux. — Tous ont une grande rapidité d'allures, supportent bien les fatigues; tous sont rustiques et sobres, mais trop souvent leurs maîtres abusent de cette sobriété et les nourrissent avec une parcimonie vraiment déplorable.

Enfin, on rencontre parfois quelques animaux chétifs, malingres, avortés, qui partagent la misère des arabes qui les conduisent.

VII. *Sélection*

Nous croyons qu'il faut soigneusement conserver les races indigènes, et se vouer à leur perfectionnement; elles seules peuvent supporter sans dégénérescence les excès du climat.

La sélection, c'est-à-dire l'amélioration et la modification de la race par elle-même, par un bon choix d'animaux reproducteurs, et sans appel de sang étranger, est, à nos yeux, la meilleure voie, si elle s'appuie sur une riche alimentation. — Ce mode de procéder est lent dans son action, mais sûr; son résultat est complet et infaillible. — Aussi, pensons-nous que l'avenir appartient à une sélection éclairée, préparant les futures générations à recevoir le sceau de la perfection compatible avec les circonstances locales.

Agissons avec une persévérance infatigable en nous appuyant sur l'étude intelligente des lois de la nature; nous parviendrons ainsi à jeter la matière animale dans de nouveaux moules, à la façonner, à la pétrir selon nos besoins; mais, pour atteindre ce résultat, ce qu'il faut surtout, ce qu'il faut d'abord, c'est beaucoup et de bon fourrage. — Avec lui, tous les types sont perfectibles.

Par une abondante nourriture, on parviendra à améliorer la race, non pas seulement au point de vue des aptitudes au travail et à la production des engrais, mais encore au point de vue de l'accroissement considérable du meilleur, du premier élément de l'alimentation humaine, la viande. — Par la sélection, avec une riche alimentation, on pourra modeler la race arabe sur un type égal. — La puissance d'assimilation grandira pour conduire à la précocité, et cela sans nuire aux qualités déjà acquises de force, de rusticité. — Ainsi se consolideront ou se créeront, pour s'enraciner dans les individus, ces qualités précieuses qui se transmettront tout naturellement aux races futures de façon à s'y perpétuer. — Ainsi, tout en progressant dans l'accroissement et l'harmonie des formes, on progressera dans la qualité de la viande.

Les anglais, qui sont nos maîtres dans l'art de fixer et améliorer les races, ont obtenu et obtiennent chaque jour les succès les plus éclatants, à l'aide de la sélection. — Ainsi ont-ils agi pour la race Devon ou North-Devon. — Il y a près d'un siècle, la contrée était habitée par une population bovine présentant des caractères opposés, formés par le hasard; sur un point, très-défectueuse, sur d'autres, plus haute en valeur, et cela selon la quantité ou la qualité de la nourriture qu'elle recevait. — Eh bien! les éleveurs ont attaqué cette structure imparfaite, l'ont modifiée dans les formes, dans la taille, dans les aptitudes, et cela par une sélection éclairée. — La race Devon a gardé toutes les qualités qu'elle avait; elle a acquis en plus la précocité et l'aptitude à produire économiquement de la viande, qualités qu'elle n'avait pas.

De ce fait, M. Gayot tire ces deux conséquences, qu'on doit accepter : « 1° on peut éle-

ver une race locale au-dessus des qualités
propres au sol seulement en n'admettant à sa
production seulement que les sujets les mieux
doués; 2° ce mode de sélection, toujours et partout praticable, suffit à maintenir à une certaine
hauteur une race qui est dans son milieu, sans
aucun besoin de faire intervenir des types diffé-
rents, fûssent-ils supérieurs. » — Dans le
Devonshire, comme en Algérie, les animaux,
pour la plupart négligés, offraient des différences
notables selon les soins qu'ils avaient reçus. —
L'éleveur a atteint le but et modifié la race de
façon à en faire une des premières de l'Angleterre, en n'employant que les meilleurs reproducteurs à l'exclusion de tous les autres.

Ce qu'il faut donc, c'est trier avec le plus grand
soin les animaux reproducteurs parmi les races
du pays acceptées comme les meilleures, parmi
celles qui donnent les produits les plus utiles au
département; développer ainsi des qualités nouvelles, sans affaiblir en rien les aptitudes déjà
acquises.

Qu'on recherche des animaux bien conformés;
qu'on leur prodigue des soins attentifs; qu'on
leur donne des aliments variés dans la juste

proportion qui doive en faciliter l'assimilation, et la race s'améliorera dans ses formes, grandira et prendra du poids.

Partout où l'on a fait, en Algérie, un choix judicieux des reproducteurs. partout où l'alimentation a été plus abondante, surtout dans le bas-âge, les défauts ont presque disparu et les animaux se distinguent par la finesse et la précocité. — C'est dans l'enfance qu'on prépare les formes qui donnent une bonne constitution; c'est aussi alors qu'on peut modifier des défauts qui détruiraient certaines aptitudes précieuses.

On reproche aux bestiaux algériens le peu de développement de leur corps. — Une taille petite ne saurait être un argument concluant contre le maintien d'une race qui rachète cette imperfection par tant d'autres qualités. — Du reste, la taille grandira sous l'influence d'une habile sélection.

On doit tendre à conserver au bétail africain les aptitudes de vigueur, de rusticité, lentement mais solidement acquises par la vie au grand air et au grand soleil. — Ne cherchons pas à effacer une empreinte due aux exigences, aux influences locales,

En Algérie, l'utilité d'un taureau Durham est plus que douteuse; les circonstances climatériques et culturales lui étant défavorables, comme le sont, par exemple, pour le même taureau, les montagnes de la Grande-Bretagne, qui, loin de l'introduire chez elles, conservent précieusement leurs races locales qu'elles amendent par la sélection.

A nos yeux, la sélection est le procédé pratique qu'on doit appliquer : il faudra beaucoup de temps pour atteindre le but; mais on aura déjà rendu un grand service en s'en rapprochant.

VIII. *Croisements*

Certains novateurs rêvent et préconisent l'introduction des races étrangères, — qu'un taureau ne soit pas algérien, et sûrement ils le trouvent remarquable et le croient appelé à régénérer l'espèce bovine. — Nous devons espérer que ces idées trop fantaisistes ne parviendront pas à égarer le cultivateur sérieux qui ne cherchera, avec raison, l'amélioration de la race locale que dans une meilleure alimentation, dans un choix plus judicieux des reproducteurs.

Le croisement est une méthode difficile et compliquée ; nous craignons qu'il ne puisse constituer en Algérie que des produits éphémères qui reviendront, en peu de temps, au type primitif ; il est plus rapide, mais plus chanceux que la sélection ; il devient un procédé empirique, quand il est pratiqué au hasard et sans suite.

Le sang ne joue pas dans l'animal le rôle presque exclusif qu'on lui attribue généralement. — Les conditions de sol, de climat, ont sur lui une plus grande action ; l'alimentation, surtout, produit des résultats qu'on ne saurait trop mettre en saillie. — En agriculture, il n'y a presque pas de lois absolues ; tout est relatif : tout est subordonné au milieu, à la terre, à l'atmosphère, au temps, à ces mille circonstances qui se produisent et peuvent varier d'un lieu à un autre.

Un croisement habile peut bien développer pour un moment dans la race arabe l'aptitude à l'engraissement et accroitre la taille ; mais, qui peut affirmer que par ce croisement on ne s'expose pas à diminuer dans une certaine proportion la rusticité et l'aptitude au travail. — Là où tous les travaux sont faits par l'espèce bovine et où la nourriture est rare, on doit s'assurer que le croisement ne portera pas un coup grave à des habitudes qui peuvent bien n'être pas parfaites, mais qui offrent de grandes garanties de sécurité.

Si un taureau appartenant à une race qui n'est pas fixée par une suite de générations est accouplé à un animal de race ancienne où les qualités constitutives sont depuis longtemps héréditaires, on ne peut être sûr du résultat; généralement, il penchera vers le type le plus ancien. — Puis, c'est tantôt une race, tantôt une autre qu'on introduit; et, pour produit, on a un animal qui n'a rien d'original, ayant conservé un peu des diverses races d'où il dérive; c'est-à-dire un bâtard.

S'aventurer dans la voie du croisement par les races supérieures pour obtenir certaines qualités, c'est s'exposer à jeter le trouble dans l'économie rurale algérienne, en ruinant son élément essentiel de succès, le bœuf de force. — De plus, on ne peut retirer un avantage durable des croisements; les métis sont moins propres au travail, supportent moins bien les excès du climat, réclament une alimentation supérieure, et, s'ils donnent un peu plus de viande au premier croisement, ils reviennent après quelques générations au type primitif, mais au type primitif dégénéré.

D'un autre côté, l'acclimation des animaux perfectionnés est difficile et toujours coûteuse; ces races ne doivent pas être transportées dans un milieu inférieur à celui où elles se sont améliorées; car, dans ce cas, la dégénérescence est imminente; or, les conditions climatériques et culturales sont dans la colonie tout autres que celles qui ont conduit ces animaux à ce degré élevé; les introduire en Algérie, c'est les exposer à la perte de leurs qualités.

On ne pourra maintenir les races étrangères qu'à la condition coûteuse d'introduire sans cesse de nouveaux types pour retremper ceux déjà introduits; — en dehors de cette loi, la dégénérescence est certaine, et l'on verra les races exotiques revêtir promptement les caractères des races indigènes.

L'Algérie n'a ni l'humidité, ni les riches pâturages permanents de la Hollande, de la Suisse, de l'Angleterre, de certains départe-

ments de France. — Les animaux importés de
ces contrées prospèreront-ils sous des conditions climatériques et alimentaires si opposées
à celles de leur patrie ? — Car, nous le répétons, il ne suffit pas d'avoir de beaux et de bons
reproducteurs; il faut aussi, pour maintenir les
qualités d'une race, la placer dans un milieu
à peu près identique à celui de son origine. —
Enfin, les perfectionnements des races par
croisements réclament, outre des grandes aptitudes de la part des initiateurs, beaucoup de
persévérance et beaucoup d'argent.

Les races étrangères ne peuvent convenir à
l'Algérie; elles sont trop difficiles à nourrir, et
d'autant plus difficiles qu'elles sont plus perfectionnées.

Est-ce à dire qu'il ne faut pas se livrer à des
essais. — Loin de nous une telle pensée. —
Chercher à améliorer les belles espèces des vallées par un peu de sang étranger, et cette infu-
sion faite, agir sur elles par des soins attentifs
dès leur enfance, par une nourriture plus riche
et plus abondante, est peut-être une bonne voie
pour atteindre un plus hâtif et moins coûteux
engraissement : — l'initiative intelligente pourrait

tenter cette amélioration avec beaucoup de
temps et beaucoup d'argent. — Réussira-t-elle ?
La combinaison de qualités diverses, par exemple, le travail et l'engraissement, est-elle possible ?
Ces aptitudes en quelque sorte contraires ne
s'excluent-elles pas ? L'aptitude et la précocité
de l'engraissement ne se basent-ils pas surtout
sur la réduction de l'ossature et l'affaiblisse-
ment des forces musculaires ? — Ce sont là des
questions auxquelles l'expérimentation peut ré-
pondre.

Ce n'est pas en croisant qu'on améliore et
qu'on consolide une race ; on ne fait ainsi que
des types plus ou moins beaux, mais qui ne
sauraient se perpétuer. — La race arabe serait
aujourd'hui merveilleusement douée, si on l'avait
amendée elle-même par des sélections successi-
ves ; on l'eût ainsi affinée et fixée à tout jamais :
on eût ainsi rehaussé son titre et accru sa vitalité. — Sans doute, on peut obtenir, par le croisement, de beaux produits ; mais, nous le répétons, nous les croyons artificiels et soumis à
une rapide dégénérescence.

Du reste, pourquoi l'Algérie chercherait-elle
loin d'elle ce qu'elle possède déjà ? — Elle n'a

nul besoin des races exotiques ; n'a-t-elle pas dans le département des reproducteurs remarquables par des améliorations acquises, par des aptitudes qui se transmettront avec certitude des ascendants aux descendants ? Le taureau de Guelma, par exemple, ne peut-il pas rendre à ce point de vue les plus grands services aux races africaines ? — C'est là une famille que le sol et le climat ont formée depuis des siècles et qui répond aux besoins de la région ? — Voudrait-on la remplacer par une race suisse, anglaise, hollandaise ? est-ce qu'on changera en même temps le climat ? est-ce qu'on évitera les longues sécheresses ? est-ce qu'on diminuera l'ardeur du soleil qui tue l'herbe pendant l'été ? est-ce qu'on rendra les pluies plus fréquentes ? est-ce qu'on enlèvera au siroco quelque chose de son apreté et de sa violence ? — Il est évident pour nous que les animaux suisses, anglais, hollandais, ne pourront, sans dégénérer, s'acclimater dans le milieu africain.

C'est en se rendant de village en village qu'on reconnait combien il y a encore à faire, avant que le pays ne jouisse de cette prospérité dont il a en mains tous les éléments ; combien il y a urgence à porter la lumière sur les points encore obscurs.

Une observation nous frappe : — pour modifier une race, pour lui donner par exemple des aptitudes plus grandes d'engraissement, tout en conservant celle qu'elle possède pour le travail, il faut, tout le monde le sait, autre chose que le sang; il faut, avant tout, modifier la culture et les fourrages qui forment les éléments de consommation des bestiaux. — Si cela est accepté, comment se fait-il que presque tous les encouragements sont dirigés vers l'amélioration des animaux reproducteurs et qu'on néglige complètement ou à peu près d'encourager les cultures qui doivent confectionner les races, c'est-à-dire la culture fourragère et celle des racines ? — Qu'on y regarde de près, et l'on verra que partout où le bétail s'est amendé, la culture est en progrès; — on l'a dit souvent : tant vaut l'aliment, tant vaut l'animal.

Partout aussi on paraît ignorer que ce n'est pas le nombre des bêtes qui fournit le revenu, mais bien la nourriture qu'on leur fait consommer; que les animaux ne conduisent à des profits qu'autant qu'ils reçoivent une alimentation abondante, et que ce qui dans la ration excède la portion indispensable à l'entretien de la vie donne seul du bénéfice.

IX. *Choix du bétail selon les destinations*

Aujourd'hui, les questions relatives à la production du bétail s'imposent plus que jamais à l'attention des cultivateurs.

Le bétail doit toujours donner du profit, quand il est bien choisi et qu'il est bien nourri, par la production du lait, de la viande ou de la force.

La première de toutes les conditions est le choix du bétail. — Chacun ne sait-il pas, en effet, qu'un animal s'engraisse plus ou moins facilement selon ses aptitudes ordinairement dévoilées par sa conformation, et, qu'avec la même nourriture absorbée, une vache donnera plus de lait qu'une autre.

Voici les signes caractéristiques de la bonne vache laitière. — Elle est généralement maigre; la peau est souple, détachée; le poil fin; la charpente osseuse, légère; elle a peu de fanon et les veines mammaires sont grosses et ondu-

lées; on doit rechercher un pis gros, pendant,
spongieux, celui qui annonce par sa constitution
qu'après la traite il ne doit offrir que des peaux
sans chair; les mamillons doivent être allongés,
et l'observation apprend que les vaches qui ont
six trayons sont meilleures laitières que celles
qui n'en ont que quatre; le poitrail doit être
large, les jambes effilées, le ventre bas, la tête
petite; le caractère doit être doux. — Enfin, il
est bon de s'aider du système Guenon qui fournit des indications précieuses lorsque, du reste,
la vache offre les caractères que nous venons
d'énumérer.

Le bœuf d'engrais doit avoir, comme le dit
Villeroy dans son traité, la poitrine large, le
ventre arrondi et profond, les hanches larges et
rondes, les cuisses longues et rapprochées, les
jambes courtes, le poil fin, la peau moelleuse,
douce, le corps allongé, les flancs pleins, la
queue mince, le cou épais, la tête longue et
fine, l'œil saillant, le regard doux, la corne
mince et de substance fine, la ligne du dos ho-
rizontale.

Le bœuf de travail doit être, selon le même
auteur, bien établi sur ses quatre jambes et

ouvert de poitrail et de hanches; les jambes, pas trop élevées, doivent être nerveuses sans être fortes; que la tête soit de moyenne grandeur, et la côte arrondie, que le ventre ne soit ni gros ni pendant; les reins doivent être larges; le dos rectiligne du garrot à la croupe; les hanches peu saillantes; la queue bien attachée s'élevant un peu au-dessus de la croupe; il doit être agile, docile et peu délicat sur la nourriture.

X. *Régime et alimentation du bétail*

Une seconde condition du succès par le bétail est une riche alimentation.

Les animaux d'élite ne se façonnent qu'en pleine abondance; selon leur destination, on doit varier leur nourriture et leur régime.

Pour l'animal de trait, il faut de bonne heure exercer ses membres, le travail ayant une influence sur sa croissance. — Nous avons souvent entendu soutenir par des praticiens très-expérimentés qu'un travail léger aide plus au développement du jeune bœuf que l'oisiveté, qu'il grossit les os et fortifie les muscles.

Il faut, au contraire, le repos à l'animal destiné à la boucherie; stabulation permanente, c'est-à-dire absence de toute activité musculaire, repos dans l'obscurité.

Le bœuf de travail doit recevoir une nourriture substantielle sous faible volume, tandis que le bœuf d'engrais réclame une alimentation abondante qui développe la lymphe. — Il faudrait donner aux vaches laitières une alimentation aqueuse ou délayée, à cause de la secrétion du lait qui est alors plus abondante.

Les vaches bien soignées conservent leur lait pendant deux ans et plus; on doit, pour obtenir ce résultat, les bien nourrir, les traire fréquemment et d'une façon régulière, enfin, tenir l'étable propre et bien aérée.

Traire à fond et souvent une jeune vache, c'est provoquer chez elle une plus grande production de lait, — l'expérience apprend qu'une vache traite trois fois par jour donne plus qu'une vache à qui l'on ne retire le lait que deux fois par jour, et aussi que la première garde le lait beaucoup plus longtemps que la seconde; — et, qu'on ne dise pas que les traites fréquentes épuisent la mère; cela ne peut avoir lieu que si l'on ne nourrit pas suffisamment cette dernière.

L'expérience nous apprend enfin que la vache commence à perdre son lait aussitôt qu'elle est pleine et que souvent elle n'en a plus au sixième mois de gestation. — En bonne économie, ne vaut-il pas mieux, si la vache a un certain âge, ne pas l'envoyer au taureau, aider à la production du lait aussi longtemps que possible et l'engraisser après ?

XI. *Peu de fourrages. — Sécheresse. — Eau*

Toutes les espèces étant perfectibles « ce qui ressort jusqu'à l'évidence de la science physiologique et des faits » les races bovines arabes offrent les plus précieuses ressources au point de vue de l'avenir. — Elles constituent surtout des animaux de trait. — Modifiées par un choix sévère des reproducteurs, si elles étaient nourries plus substantiellement, elles atteindraient une amélioration qui les rendrait plus utiles pour la boucherie sans leur rien enlever de leurs précieuses qualités.

La sécheresse désole la région algérienne : elle est le grand obstacle qui s'oppose au développement des cultures que la fécondité native du sol et l'ardeur vivifiante du soleil commandent de répandre partout; cette sécheresse rend souvent peu rémunérateurs les travaux de la terre; elle atteint surtout les fourrages. — Aussi, le bétail ne reçoit-il alors qu'une nourriture insuffisante, mal composée et d'une richesse irrégulière; de là, chétivité, faible corpulence des animaux; de là, peu de rémunération dans les produits. — Que le bétail ait toute la nourriture qu'il peut absorber, et l'on aura atteint ce triple résultat : accroissement de la fertilité du sol par la restitution des engrais; production du pain et de la viande à bon marché; commerce d'exportation avec de gros bénéfices.

Ce qu'il faut donc, c'est tendre à produire le plus de fourrage possible, et du fourrage de bonne qualité.

Mais, puisque nous avons le redoutable honneur de soumettre au pays les systèmes qui nous paraissent devoir assurer sa richesse et son élévation, disons d'abord, pour n'y plus revenir ici, une de ces vérités banales, que personne ne conteste, mais que personne aussi ne songe à mettre en pratique. — Quand on étudie cette vaste et belle région, on s'aperçoit que c'est à l'irrégularité et au peu d'abondance des pluies qu'elle doit de ne pas récolter annuellement les riches produits que lui promet sa terre privilégiée. — Aussi, partout où se découvre une source, elle devrait être captée et mise à la disposition de l'agriculture; on devrait, au moyen de barrages, utiliser tous les cours d'eau, et, à l'aide de canaux d'irrigation, les faire parvenir sur les terres, de façon à ce que pas une goutte ne pût se perdre. — Tout le monde accepte ces principes : chacun sait que, s'il les applique, ce n'est pas seulement la fin des disettes, la certitude de récoltes continues; mais encore une fortune pour l'Algérie, plus prompte, plus grande que toutes celles dont l'histoire nous a gardé le souvenir. — Et cependant rien ne se fait dans ce sens.

On conseille l'application des méthodes perfectionnées, le dessèchement des marais, l'assainissement des terrains submergés, l'établissement des canaux d'irrigation, les appareils qui captivent les forces de la nature, le vent sur l'aile du moulin, la chute d'eau sur la roue hydraulique, la machine à vapeur dans les champs... et l'on n'a jamais de fonds pour subventionner ces diverses entreprises.

C'est dans une bonne administration, c'est dans l'accroissement de la fertilité du sol déjà nativement si riche, c'est surtout dans les irrigations que l'Algérie doit trouver les moyens de constituer sa fortune et de conduire à l'épanouissement de toutes ses forces productrices; — qu'il ne se perde pas une goutte d'eau, et presque toujours ce sera la vache grasse qui l'emportera sur la vache maigre. — Quand il tombe en Algérie de la pluie, la place manque pour la conservation des récoltes.

Disons aussi qu'il faut approfondir les terres. — La nécessité de cet approfondissement est clairement établie par les trois années qui viennent de s'écouler; les plus belles récoltes ont été obtenues sur les champs qui avaient été le plus profondément labourés. — Les terres défoncées éprouvent moins les effets d'une humidité trop grande pendant les temps pluvieux; et, pendant les sécheresses, l'eau conservée dans les bas-fonds remonte insensiblement et donne la fraîcheur dont la plante a besoin. — Enfin,

les racines s'étendent mieux dans le sens qui
leur convient, prennent une grande force qui
leur permet de résister aux influences atmosphériques contraires.

XII. *Plantes fourragères à répandre*

La nécessité d'une abondante alimentation
pour le bétail admise, ce qu'il faut, c'est augmenter la masse des fourrages produits dans
chaque ferme; et, pour atteindre ce résultat,
rien de plus efficace que de ne laisser perdre
aucune de ces plantes adventices qu'on ne peut
soumettre à la fenaison, qui croissent dans les
champs, le long des allées ou des terrains em-
broussaillés, sur les routes, partout, et qui,
mélangées à des maïs ou à des sorghos, peuvent
être conservées dans des silos; — c'est céder à
la nécessité qui s'impose de restreindre l'étendue
des terres à blé dont le produit est si souvent
négatif, pour accroître celle des prairies : que
d'hectares qui sont propres à constituer à peu
de frais des herbages, qui se couvrent sponta-
nément d'herbes? — C'est, enfin, rechercher les
plantes qui, dans les conditions climatériques

et géologiques du département, doivent donner les plus grandes quantités de fourrage qu'on ensilera, et se livrer à leur culture.

Ces plantes sont nombreuses; nous n'allons nommer que les principales, celles qui nous paraissent les plus propres à être utilisées; — la façon de les traiter afin de les conserver pour l'époque des sécheresses est la même que celle que nous indiquons plus loin pour les maïs et les sorghos, auxquels il sera toujours utile de les mélanger dans les silos.

Et d'abord, nous croyons que toute plante qui n'est pas par elle-même nuisible aux bestiaux peut être transformée en bon fourrage, au moyen de l'ensilage. — Disons aussi que, pour les récoltes à conserver en silos, on doit mettre en pratique les excellents conseils donnés par M. Brassart, dans les termes suivants : « On fauche ordinairement trop tard les herbes; on attend qu'elles soient trop mûres, dégarnies de leurs feuilles, dures et ligneuses, tandis qu'il faudrait les faucher quand elles commencent à fleurir, ce qui les rendrait plus appétissantes et plus nourrissantes en conservant leurs feuilles. — Cette coupe anéantirait en outre les mauvaises

herbes annuelles qui se propagent de semences;
l'herbe fauchée lors de la floraison, au moment
où le principe nutritif circule dans la plante,
avant qu'il soit fixé définitivement dans une
partie, est très-nourrissante. »

Plantes à ensiler :

L'*ajonc épineux* qui, broyé et hâché, constitue une excellente nourriture.

Le *sarrazin*, qui croît dans les terres les plus
pauvres.

La *moutarde blanche*, qui s'allie très-bien
avec le sarrazin.

Les *vesces de printemps et d'automne.*

Les *regains de luzerne et de trèfle.* — Quand
on fâne de la luzerne ou du trèfle, les feuilles se
détachent de la plante en grandes quantités et
jonchent le sol; — ce danger n'est pas à craindre avec l'ensilage; le fourrage s'enrichit de
toutes les feuilles conservées.

La *grande Consoude rugueuse du Caucase.*-
On a fait beaucoup de bruit autour de la grande
consoude ; elle est propagée avec grand avantage en Angleterre, les essais qui en ont été
faits en France ont complètement réussi. Sa
culture serait une sérieuse conquête pour l'Al-

gérie où elle doit donner par hectare plus de 300,000 kilos de nourriture verte ; elle aime une terre riche et profonde; mais elle réussit très bien sur les sols argileux, siliceux et même marécageux; elle est hâtive; elle ne redoute pas trop les gelées et affronte les sécheresses. Elle se multiplie par éclats ou surgeons que l'on plante à un mètre de distance en tous sens, ce qui fait 10,000 pieds à l'hectare ; on dit merveille de son fourrage qui serait très recherché des ruminants. Son ensilage a été pratiqué au cap de Bonne-Espérance et en France, et l'essai a parfaitement réussi.

M. Multignier cultive depuis cinq ans la consoude dans le département de Seine-et-Marne, et obtient les plus beaux résultats. Ceux qui veulent multiplier cette plante, qui donne cinq ou six coupes par an, trouveront des surgeons chez M. Multignier, 44, rue aux Ours, à Paris.

Les *Avoines et Vesces*. — Mélangées, elles donnent beaucoup de fourrage d'excellente qualité.

Le *Seigle*. — Peu exigeant sur la nature du sol où il est semé, il n'aime pas cependant les terres calcaires : il se plaît dans les terrains secs, argileux ou sableux, c'est-à-dire qu'il donne d'excellent fourrage dans les sols à peu près stériles. Ses tiges prennent très hâtivement un grand développement. Coupé en vert, au moment de l'apparition de l'épi : il est très nutritif, il se comporte parfaitement dans le silos. Il offre de grands avantages quand il est ensemencé avec des vesces.

Les *millets*.

Le *moha* ; il croît vite ; il vient sur les terres sèches où il donne de riches produits ; ensilé avec le maïs ou le sorgho, il constitue un excellent fourrage.

Les *choux*.

L'*anthyllis vulnéraire*. — Dans les terrains pauvres et secs, cette plante peut rendre de très-grands services ; elle est parfaitement acceptée par les bestiaux quand elle est mariée dans le silos à d'autres plantes, telles que maïs, sorgho, etc.

Vesces et sainfoin. — Ce mélange a donné dans la plaine de Valée une magnifique récolte ; il devrait être expérimenté dans les sols calcaires.

Le *trèfle incarnat*. — L'expérience de l'ensilage a été faite sur le trèfle incarnat par M. Louis Derblay, et la réussite a été complète ; voici comment il s'exprime : « une odeur particulière indiquait un certain degré de fermentation, comme cela a lieu pour les pulpes de betteraves, et le fourrage se présentait bien vert, avec sa fleur d'un beau rouge, en un mot tel qu'il était lors de la mise en silos. »

Les *orties* ; les *chardons*. — Ces derniers surtout sont très-riches en matières alibiles ; ils sont en si grand nombre dans les champs, le long des fossés et des routes, qu'ils doivent prendre, hachés et ensilés, une grande place dans l'alimentation du bétail. — Les chardons et les orties enrichissent singulièrement la masse ensilée par les sels qu'ils contiennent.

L'artichaut sauvage. — Variété du chardon, qui, haché et mélangé au maïs ou au sorgho, donne un bon fourrage.

Le *China-Grass*. — Plante se propageant facilement sur les terres siliceuses et sèches, s'emparant du terrain, et offrant un pacage très-recherché des moutons.

Le *Cactus*, appelé *figuier de Barbarie*. —

Cette plante, qui croit rapidement un peu partout, n'est rejetée des ruminants qu'à cause des piquants qui la défendent et de la consistance coriace de l'épiderme. — Nous avons enlevé les épines et les écorces de quelques-unes des larges et épaisses feuilles du Cactus, et nous avons offert ces feuilles aux bestiaux qui les ont mangées sans répugnance. — Cette expérience nous a été inspirée par la pratique des cultivateurs du Téxas qui, à la fin de l'été, et quand toute végétation herbacée a été brûlée par le soleil, coupent et enlèvent le haut de la dernière feuille d'une branche de Cactus, et la présentent aux moutons qui d'abord y mordent, puis écartent ou broient les épines avec leurs dents, et finissent par dévorer la branche en entier. — N'y a-t-il pas là une grande ressource pour l'alimentation des bestiaux de la province ? Ne peut-on planter le Cactus sur les parties vagues et laissées sans culture ? — Il végètera, et se défendra seul contre les animaux. — Vienne le moment de son plus grand développement, le figuier de Barbarie est coupé, haché, ensilé. — La fermentation aura raison des épines qui, du reste, seront singulièrement émoussées par le hachage. — M. Hardy a utilisé cette plante avec succès pour l'alimentation des autruches.

4

Les feuilles d'arbres. — L'essai a été fait des feuilles vertes des arbres dans les temps de grande disette, et l'on ne s'est pas aperçu d'une diminution de qualité dans les fourrages, quoique la quantité en fût considérablement accrue.

Les *marcs* de vendanges ou de cidres.

Les feuilles de vignes. — Il y a longtemps déjà qu'on conserve les feuilles de betteraves en Silésie par l'ensilage. — Agir de même pour les feuilles de vignes.

Le *topinambour*. — La culture du topinambour est aussi simple que peu dispendieuse; planté comme la pomme de terre, il n'a besoin que d'être protégé dans son enfance contre les mauvaises herbes que détruit bientôt sa croissance vigoureuse et rapide. — Il vient partout, utilise très-bien les terrains secs. — Les semences doivent se placer à $0^m,50$ de distance les unes des autres; on peut récolter la première année jusqu'à 600 hectolitres de tubercules. — Le topinambour est donné cru aux animaux quand il vient d'être arraché; il nourrit autant que la pomme de terre, est très-recherché par tous les bestiaux à qui il ne faut le présenter que trèsdivisé, tant ils en sont avides. — Ses tiges, après avoir été hachées, se mélangent avantageusement dans le silos à des maïs, à des sorghos, à des débris de fourrages, à des balles de froment.

Le *grand soleil.* — Des essais de culture du grand soleil devraient être fait partout; on a déjà expérimenté cette plante sur quelques points et on paraît d'accord sur ce fait, qu'elle aurait la précieuse propriété d'absorber par son feuillage les vapeurs paludéennes, et d'enlever ainsi la cause qui produit les fièvres. — Ses feuilles sont très-recherchées par les bêtes à cornes et les moutons; il se cultive comme le topinambour qui appartient à la famille des soleils.

Le *lupin jaune* est une excellente nourriture pour les moutons, qui en sont très-friands; on doit le faucher au moment où il n'a plus de fleurs qu'à l'extrémité supérieure de sa tige et où les cosses qui portent les grains sont encore vertes; il serait excellent mélangé avec le maïs, le sorgho et d'autres plantes; dans les Pyrénées-Orientales, il est associé avec grand profit au trèfle-incarnat. — Peu exigeant sur les terres qui le reçoivent, il n'aime pas cependant les sols calcaires; il se plait dans les terrains sableux, ferrugineux ou argileux.

L'élevage des bêtes à laine, dans quelques terres pauvres, spécialement sur les hauts plateaux, doit venir sérieusement en aide à la fortune publique s'il s'appuie sur la culture du lupin jaune.

Le *maïs cusco*. — Il a été expérimenté à Philippeville, par M. Lesueur, qui l'avait confié à une terre profonde, non irriguée. — Il a atteint chez lui cinq mètres de hauteur et a conduit ses grains à maturité. — C'est là un résultat remarquable qui doit encourager les expérimentateurs de cette variété dans les terres intermédiaires entre le Sahel et les hauts-plateaux.

M. Lesueur va étudier cette année l'acclimatation de deux nouvelles plantes à fourrages.

Le *téosinté*, graminée des Pampas, atteignant deux mètres d'élévation et se reproduisant avec la plus grande facilité par graines, éclats, touffes, repiquage.

Le *soja-hispada*, pois oléagineux de la Chine; le grain donne une huile excellente pen-

dant que les tiges qui l'ont porté sont][très-
recherchées par les bestiaux.

Le *sorgho* résiste mieux que le maïs aux
grandes sécheresses de l'été; les tiges du sorgho,
plus dures que celles du maïs, se ramollissent
sensiblement par la fermentation dans les silos
et fournissent alors une alimentation essentiel-
lement tonique. — Le sorgho doit être préféré
au maïs dans les contrées les moins humides;
il est appelé à rendre les plus grands services
au département de Constantine où il a été déjà
essayé sur de nombreux points, et où il a parfaitement réussi. — Tout ce que nous allons
dire sur la culture et l'ensilage du maïs-fourrage
s'applique également à la culture et à l'ensilage
du sorgho.

XIII. *Maïs, sorgho.* — *Ensilage*

Habitués à ne considérer l'agriculture que
dans le passé, certains colons ont peine à se
rendre compte de ses besoins nouveaux, de ses
aspirations, de son avenir. — Chez eux, une
routine invétérée dans laquelle ils se sont ren-

fermés comme dans une arche sainte comprime
et étouffe tout progrès. Ils assistent à notre
époque à l'extension continue du travail et de la
science, et ils persistent à régler la marche de
l'agriculture par les idées invariables du passé;
ils veulent la rendre immobile, quand tout
avance; pour elle seule, ils oublient que progrès
c'est évolution. — C'est là une disposition fâ-
cheuse de quelques esprits, d'autant plus fâ-
cheuse qu'ils acceptent sans contrôle tout ce
qui est contraire aux résultats scientifiques ou
expérimentés, jusqu'à des commérages qui con-
finent au mensonge, qui ne reculent pas devant
le travestissement des faits.

Ce qu'il faut donc c'est attaquer cet immobi-
lisme, combattre l'erreur et vulgariser la vérité;
lutter pour détruire les obstacles qui s'opposent
à la prospérité du département; répandre, faire
connaître par l'exemple, par la parole, par la
plume, les faits utiles au bien du pays.

Dans la zône constantinoise, le soleil arrête
l'herbe et conduit à la disette des fourrages;
mais il favorise merveilleusement le maïs et le
sorgho, en leur donnant dans peu de temps le
plus grand développement, et en enrichissant

leurs tiges, leurs feuilles, leurs panicules des principes les plus utiles à la nutrition de l'espèce bovine. — Jusqu'à ce jour on n'a traité ces plantes que comme des plantes panaires. — Il est temps de leur rendre le caractère fourrager qu'on ne leur refusait que parce qu'on ignorait le moyen facile et économique de les conserver avec toutes leurs qualités pendant plus d'une année. — Cultivés comme plantes fourragères et portés à leur plus haut rendement végétatif, le sorgho et le maïs doivent reculer les limites alimentaires de la production du bétail dont la multiplication ne pourra plus être entravée que par des questions de capital, de logement, de bon vouloir et de savoir-faire.

L'heureuse influence de ces cultures doit se faire sentir dans toutes les exploitations. — Que sur chacune d'elles, on leur consacre une certaine étendue de terre ; celle-ci donnera de forts revenus en nourriture ; elle deviendra une mine d'engrais qui assurera l'avenir de la ferme. — Le sol, recevant beaucoup, dépensant peu, s'améliorera rapidement et sera bientôt assez riche pour alimenter la plante la plus épuisante. — En Algérie, le maïs et le sorgho doivent jouer le rôle que joue la betterave dans le nord de la France.

Les bêtes bovines recherchent pour nourriture le maïs; celui-ci peut se consommer en vert, aussitôt qu'il est cueilli; en sec, s'il est conservé en moyettes; et il peut rester longtemps dans cet état, sans perdre de sa valeur; — en fourrage fermenté, quand il a été enfermé dans des silos. — Alternant avec la nourriture échauffante du foin, il donne beurre excellent pour les vaches, graisse fine pour les bœufs; plus que toute autre plante fourragère, il fournit une alimentation précieuse aux animaux que l'on ne saurait ni trop bien nourrir ni trop multiplier, puisque ce sont eux qui, en donnant le bénéfice le plus positif, accroissent au moyen du fumier la fécondité du sol.

Le maïs pris comme fourrage présente tous les avantages que doit rechercher le cultivateur. — par son exubérante production, il répand l'abondance dans l'étable. — Consommé d'abord en vert, puis conservé en silos, il assure la régularité du régime frais pendant toute l'année; il résiste assez bien aux sécheresses; il prospère surtout les années où les printemps et les automnes abondent en pluies; il donne alors deux récoltes par an; il nécessite relativement peu de main-d'œuvre; sa culture prépare, aère, nettoie les terres.

Témoin journalier des victoires du colon sur les éléments, sur la terre, sur les animaux, sur les hommes, victoires qui méritent d'autant plus d'éloges qu'elles sont toujours remportées avec simplicité, nous devons espérer que le cultivateur, secouant les préjugés qui ont présidé à son éducation agricole, et devant l'augmentation toujours croissante des importations en France de viandes venues de pays étrangers, comprendra que la production du bétail est la voie dans laquelle l'Algérie doit hardiment s'engager, pour subvenir aux nécessités de la Mère-Patrie, tout en appuyant sa fortune et sa colonisation sur les bases les plus solides.

Avec l'ensilage d'un fourrage abondant, les deux études de l'élève et de l'engraissement de la race bovine peuvent se poursuivre parallèlement, se développer en même temps, d'autant plus que leur extension, répétons-le, n'est pas un besoin factice qu'on peut arrêter à un moment donné, mais bien une nécessité qui grandit chaque jour et à laquelle il est difficile d'assigner une limite.

Il s'agit pour le département de Constantine de faire de l'argent avec l'agriculture et non de l'agriculture avec de l'argent, comme on l'a trop souvent fait en France. — Il s'agit d'édifier des fortunes sur la terre, et non de se servir de la terre comme d'un tremplin pour se lancer dans des satisfactions de vanité ou d'ambition, en faisant du premier art une sorte de sport agricole.

Avec l'ensilage du sorgho ou maïs-fourrage va s'opérer une véritable révolution; le nombre des bestiaux nourris sur une ferme peut doubler et même tripler; les fumiers s'accroître d'une façon proportionnelle, et par suite les terres atteindre leur plus haut degré de fertilité.

Qu'on marche dans cette voie, sans hésiter, sans tâtonner, — elle est sûre et conduit au succès.

Aujourd'hui le champ des théories est abandonné; créer beaucoup et le plus économiquement possible, tel est le problème que veulent résoudre les possesseurs intelligents du sol.

C'est aux hommes de dévoûment et de progrès à prendre l'initiative de ces essais, à les poursuivre avec persévérance, à les publier; là est le meilleur moyen de généraliser les heureux résultats qu'on est en droit d'attendre de l'ensilage du maïs et de l'emploi de ce dernier pour la nourriture du bétail.

XIV. *Maïs, sa culture*

Outre les fourrages dus aux vallées et aux plaines formées par des alluvions, ou facilement irrigables, outre les luzernes, les trèfles, les sainfoins, le département possède partout, sur ses mamelons et ses hauteurs, d'excellentes prairies naturelles qui, avec quelques engrais, sont très-fertiles. — De plus, le climat du littoral favorise au plus haut degré la production de l'herbe. — Ici, le vent humide de la mer aurait dû multiplier les prairies et réduire les surfaces livrées à la charrue; dans les riches terrains d'alluvion du littoral, on peut atteindre en fourrages les plus hauts rendements; c'est là que doivent s'étaler les splendeurs de la végétation algérienne.

Plus loin, des champs abandonnés sont en friche ; quelques bestiaux y cherchent un supplément de nourriture rendu indispensable par la faible étendue des près. — D'autres champs donnent des céréales sur la moitié de leur contenance, l'autre moitié étant en jachère. — C'est là qu'il faut cultiver le maïs-fourrage, partout où la nature du terrain comporte cette plante. — Les frais sont insignifiants et le succès certain. — Que l'eau parvienne jusqu'au domaine, et les récoltes seront quadruplées.

Nous devons répéter ici que tout ce que nous avons dit, comme tout ce que nous allons dire du maïs-fourrage s'adresse aussi au sorgho-fourrage; que le premier nous paraît plus spécialement applicable au littoral, tandis que le second conviendra mieux aux zones intermédiaires et au Tell.

La végétation du maïs en Algérie est l'image, mieux que cela, la réalité de la végétation des tropiques; — et l'on se demande comment on est resté si longtemps à utiliser, sur une grande échelle, une pareille profusion d'herbe géante.

Le foin des prairies est loin d'équivaloir comme

quantité à la masse des matiéres vertes fournie par le maïs, et il est souvent difficile et couteux de le conserver en bon état et de l'enlever du champ, à cause des intempéries. — Le maïs, lui, croît et prospère avec les soins les plus ordinaires, et son ensilage le met à l'abri de tous les accidents atmosphériques.

Un hectare de maïs représente en valeur nutritive la production de plus de six hectares de tout autre fourrage. — Le maïs rend facilement en Algérie 120,000 kilos d'herbe vérte à l'hectare; son rendement peut aller jusqu'à 160,000, à 180,000 kilos. — Les chiffres de production du maïs-fourrage en Italie sont là pour chasser tous les doutes à cet égard, avec cette particularité que ces grands rendements sont obtenus sur des terres qui sont loin d'avoir la richesse native des sols algériens. — Enfin, 100 kilos de maïs vert équivalent à environ 25 kilos de foin sec.

Le maïs croit merveilleusement sur les sols riches et substantiels; il utilise aussi les terres sèches, un peu sablonneuses.

On ne doit semer le maïs que lorsque les gelées tardives ne sont plus à craindre; à sa sortie, il redoute le froid. — Les maïs, quels qu'ils soient, doivent être mis dans l'eau 24 heures avant d'être confiés au sol; il serait bon de mêler à cette eau des guanos ou des fientes de poules; cette pratique aide puissamment à leur prompte végétation. — La culture du maïs-fourrage est la même que celle en usage lorsqu'on le traite comme plante alimentaire. — semé plus épais que lorsqu'on veut en recueillir le grain, il s'élève en Algérie dans deux mois à la hauteur de plus de deux mètres, et présente une masse compacte du plus riche fourrage. — Toutefois, il est avantageux de semer le maïs clair; les tiges sont alors plus grosses et plus fermes; son produit est supérieur, les tiges étant plus lourdes. — Il est peu épuisant pour le sol, les graines n'arrivant pas à maturité, et sa puissance d'absorption dans l'atmosphère étant très-grande à cause de sa végétation vigoureuse et de ses larges feuilles. — Quand le maïs est semé en lignes, qu'on peut facilement le sarcler, le butter, la terre s'aère et s'ameublit; la tige est plus forte, plus alimentaire, et le sol mieux disposé à recevoir une céréale.

L'espèce à préférer, après de concluants essais, est le maïs *caragua* ou maïs *dent de cheval;*

on doit également obtenir de très-beaux résultats
avec le maïs commun, le maïs des Landes, et
le maïs Cusco. — Voici ce que dit M. Charton
du maïs Caragua : « La variété de maïs, appelée
dent de cheval ou encore géante ou caragua
doit être préférée, chaque fois qu'on le peut,
parce que la plante étant de beaucoup plus
vigoureuse et poussant plus promptement et plus
abondamment que les maïs du pays, arrive à
donner, dans le même espace de temps et sur
la même surface de terrain, une bien plus grande somme de produits utilisables que les maïs
ordinaires. » — Si les variétés géantes américaines donnent les plus grandes quantités de
fourrages, le maïs ordinaire et le maïs des Landes sont à poids égal plus riches en éléments
alibiles. Ils sont moins exigeants que le Caragua;
ils atteignent facilement dans deux mois deux
mètres de hauteur.

Dans les sols déjà féconds, pouvant donner
une belle végétation au maïs, celui-ci est semé
sans engrais; la force acquise que ces terres
vont dépenser leur sera rendue par les fumiers
que le maïs produira.

Quant aux autres terrains, il faut les bien

fumer ; un engrais complémentaire riche en sulfate d'ammoniaque et en superphosphate de chaux rendrait de grands services. — M. Dudouy recommande l'engrais suivant pour le maïs : — superphosphate, 50 °/₀ — plâtre 33 °/₀ — nitrate de potasse 17°/₀. — Le maïs étant très-avide d'acide phosphorique, on comprend qu'il est utile de lui donner en quantité du superphosphate de chaux. — Le maïs absorbe beaucoup d'engrais ; mais, traité comme nous le disons, il en rend des quantités plus considérables que celles qu'il a reçues et fertilise rapidement la terre.

L'Algérie, depuis longtemps en butte aux sécheresses, suit les alternatives des saisons et se soumet à leurs capricieuses variations. — Avec le maïs, l'agriculture pourra régulariser la production du fourrage et par suite la production du bétail ; — sans doute, cette plante subit l'influence d'une chaleur trop intense ; mais elle lui résiste bien mieux que les autres plantes fourragères, et donne de magnifiques produits là ou les autres cultures ne présentent que des récoltes chétives.

Le maïs doit être coupé quand il est en fleurs ;

avant cette époque, il est moins abondant, moins nourrissant et se conserve mal. — Mais, quand la fleur est épanouie, qu'elle commence à tomber ou à se flétrir, le maïs a une grande valeur nutritive, se conserve bien en silos, et est très-recherché des ruminants. — Coupé en temps opportun et ensilé, le bétail le recherchera de préférence à la meilleure herbe verte d'avril.

En résumé, tous les sols un peu riches et substantiels conviennent au maïs-fourrage ; il affronte assez facilement les chaleurs. — Ne conduisant pas son grain à maturité, il est peu épuisant pour le sol. — Ses larges feuilles, sa végétation vigoureuse, empruntent beaucoup à l'atmosphère. — Si les céréales ne peuvent supporter une trop forte fumure, qui les conduit à la verse, les maïs, au contraire, utilisent les plus grandes avances d'engrais, y puisent les éléments d'une riche végétation et occupent le sol peu de temps ; ce qui permet à la terre de s'amender par l'assimilation des engrais non utilisés, et la dispose à recevoir toute plante exigeante.

Dans chaque propriété, on devrait réserver quelques champs qui, largement fumés, et pouvant donner deux récoltes de maïs-fourrage par an, alimenteront la ferme. Ces champs peuvent être ainsi traités pendant une longue période et devenir les commanditaires de l'exploitation, tout en atteignant eux-mêmes le point le plus élevé de fertilité.

XV. *L'ensilage*

L'ensilage a pour but de rendre la conservation des fourrages indépendante des intempéries des saisons; ce procédé fait, lentement, progressivement, d'un fourrage vert un fourrage fermenté, et cela en le recouvrant d'une couche de terre et le mettant à l'abri du contact de l'air. On a ainsi conservé, en quelque sorte, l'humidité naturelle de l'herbe, ce qui est très-favorable à la parfaite assimilation de cette herbe par les animaux. — L'ensilage est surtout indispensable dans les pays de sécheresse; depuis longtemps déjà on ensile et l'on conserve dans es silos des tubercules, des feuilles, des résidus de distillerie.

Le silos est une fosse creusée dans le sol; on lui donne plus ou moins d'étendue, selon que les récoltes à conserver sont plus ou moins abondantes. — Il a généralement les dimensions suivantes : longueur, 6 mètres ou plus; largeur, 2 mètres en haut, 1 mètre 50 centimètres en bas; profondeur, 2 mètres.

Quand au terrain où l'on creusera le silos, en plaine, il faut, autant que possible, rechercher un sol perméable, afin de faciliter l'écoulement des eaux; en pente plus ou moins déclive, on doit préférer les lieux les plus élevés, et, si cela est nécessité par la nature trop argileuse du sous-sol, faire un drainage avec de fortes pierres pour assurer l'assainissement de la fosse.

La meilleure terre pour y creuser un silos est celle dont la superficie est argileuse et le sous-sol sableux, siliceux ou pierreux. — L'argile protège de l'infiltration des eaux supérieures et le sol siliceux laisse s'écouler toute l'humidité. — Du reste, on peut établir des silos sur tous les terrains, à la condition d'en drainer soigneusement les fonds, de manière à ce que l'eau ne puisse jamais y séjourner.

Il ne faut pas que les fosses aient des parois perpendiculaires : celles-ci doivent être plus lar-

ges en haut qu'en bas; sans cela, il se produi-
rait des vides par le tassement. — On doit aussi
arrondir les angles des silos.

Il est préférable de construire les silos en
maçonnerie, en ménageant par le drainage
l'écoulement des eaux; le silos en maçonnerie
est surtout nécessaire pour les fourrages qui
ont subi un commencement de dessiccation en
plein air. — Il peut être fait avec toutes sortes
de matériaux, briques ou pierres. — Il est bon
de le cimenter intérieurement. — Dans ces silos,
comme dans tous les autres, il faut éviter les
angles intérieurs, et arrondir les coins; le tassement est alors plus facile et plus parfait.

Il est toujours utile de recouvrir les silos
d'une toiture mobile ou fixe. — La meilleure
couverture consiste en un plancher composé
de voliges légères.

Le silos est-il construit dans le sol, il est bon
d'en tapisser les bords et les parois avec des pailles de toute leur longueur; — le fourrage glis-
sera ainsi bien mieux jusqu'au fond. — On fera
également bien de garnir de planches la partie
inférieure du silos.

Les fourrages coupés, on les laisse se faner sur place, ce qui diminue le poids à transporter auprès du silos.

On peut ensiler les tiges du sorgho ou du maïs en leur laissant toute leur longueur. Mais, haché, le maïs-fourrage se comporte bien mieux. — Quand on lui fait subir cette opération préalable, qui est toujours utile, il est bon de le mélanger avec des balles de froment, de menues pailles ou d'autres végétaux. — En agissant ainsi, on accroit la richesse alimentaire du fourrage.

En les hachant bien et les mélangeant dans le silos à d'autres plantes vertes, les tiges de maïs qui ont produit de la graine pourront également être conservées; — l'essai a été fait pour la première fois à Stuttgard, en 1865, par M. Reihlen. — On n'ensila que des *tiges mûres de sorgho et de maïs déjà pour la plupart devenues ligneuses;* le résultat fut excellent. — Mais, redisons que quand les maïs ou sorgho ont porté graine, ils doivent être hachés avec le plus grand soin; et que, si on conserve très-bien les fourrages qui sont laissés de toute leur longueur, l'expérience montre que, plus le fourrage à ensiler est coupé fin, plus la conservation en est assurée.

Le fourrage vert peut être fauché et entassé pendant les pluies sans inconvénients; l'agriculteur n'est donc plus arrêté par les caprices du temps.

Il est d'une bonne pratique d'ajouter au maïs ensilé du sel dénaturé, soit comme principe conservateur, soit comme condiment très recherché par les animaux; par lui, on évitera que de la fermentation alcoolique le maïs passe à la fermentation putride. — 4 kilos de sel sont nécessaires pour 1,000 kilogr. de maïs : on commence par en répandre quelques grains au fond du silos; au cours de l'emplissage, on en jette sur les bords, puis on sale fortement le dessus du maïs. — La moisissure n'est pas à redouter pour le milieu du silos; elle n'est à craindre que vers le haut de la masse et aux points de contact avec la terre; c'est donc sur les cotés et dans les angles, bien plus que dans le milieu, qu'il faut avoir soin de semer le sel.

Aussitôt les matériaux hâchés, l'opération essentielle est de les bien fouler dans le silos.

Pour les tiges qui n'ont pas été hâchées, elles

sont couchées parallèlement dans le sens de la longueur, fortement tassées et foulées. — Le silos rempli d'herbes hâchées ou non jusqu'au niveau du sol, on continue l'entassement de la matière verte jusqu'à un mètre ou un mètre cinquante au-dessus de ce niveau en donnant à cette matière la forme d'un prisme.

Répétons que le maïs doit être étendu au fur et à mesure de l'emplissage et fortement foulé pour qu'il y ait le moins de vides possible. — Le fourrage ensilé, élevé au-dessus du sol de 1 mètre à 1^{m}50 et disposé en une sorte de toit, on pressera fortement et on couvrira de terre fine et meuble. — La couverture en terre doit être épaisse de 0^{m}80 à un mètre, afin, par cette épaisseur, d'empêcher le contact de l'air extérieur, et, par le poids, de chasser l'air qui serait resté dans le silos. Quand le silos est plein, on peut aussi recouvrir le fourrage d'une couche de paille, de papier goudronné ou de feuilles de carton, avant de le charger de terre.

Ce qu'il faut, c'est fermer toute crevasse, toute fissure de la terre qui recouvre le fourrage. — Ces fissures, ces crevasses, doivent être bouchées au fur et à mesure qu'elles se produisent.

La terre servant de couverture doit avoir la forme d'une toiture et s'étendre jusqu'à quarante centimètres des bords de la fosse ou silos; une certaine inclinaison lui est nécessaire afin que l'eau des pluies ne la pénètre pas. — Il faut aussi avoir le soin de détourner du silos les eaux qui peuvent courir à la surface.

On doit placer un grand poids sur le sommet du silos; c'est là une opération essentielle; ce poids doit y demeurer sans cesse jusqu'au commencement de la consommation; plus le poids sera fort, meilleur sera le résultat obtenu. — Il comprimera le fourrage ensilé, en chassera l'air et le mettra à l'abri des intempéries.

On peut aussi couvrir les fourrages renfermés dans le silos avec des couvercles de bois qui s'adaptent à l'ouverture de ce silos et descendent avec la prébende qui s'affaisse. C'est là le système préconisé par M. Goffart : que ces couvercles reçoivent de forts poids et tout l'air sera chassé du silos.

Enfin, une des conditions du succès est d'opérer rapidement, de remplir hâtivement le silos, et, celui-ci rempli, de le couvrir immédiatement.

Ce n'est pas tout que de remplir le silos, il faut aussi le vider, et, à ce dernier point de vue, nous persistons à dire qu'il ne devrait jamais avoir plus de deux mètres de largeur sur deux de profondeur avec une longueur proportionnée à la masse à ensiler. — Avec ces dimensions restreintes, on peut plus facilement empêcher les altérations des fourrages, mieux fermer les ouvertures du silos, quand la consommation du maïs est commencée.

On extrait du silos le maïs la veille du jour où il doit être consommé, de façon à ce qu'il ait devant lui quelques heures pour subir la fermentation alcoolique; il est alors avidement recherché par les animaux.

L'expérience a démontré que les maïs pouvaient être retirés des silos en grandes quantités à la fois; ils se conservent dans le meilleur état pendant les huit jours qui suivent leur extraction; on les met en tas où ils ne subissent aucune altération.

La nourriture fermentée, la meilleure pour le bétail, comme l'apprend l'expérience, peut être conservée dans les silos pendant plusieurs années consécutives, sans perdre de sa qualité, sans occasionner par sa consommation aucun dérangement au bétail.

XVI. — *Résumé*

L'agriculture algérienne est pleine de contrastes. — Ici, on cultive mécaniquement, dans l'ignorance la plus absolue de ce que l'on fait et des lois qui président à la vie du végétal que l'on confie au sol. On ne tient compte ni du climat ni de ses variations, ni de la nature du terrain qu'on laboure, ni des engrais qu'il réclame et qu'on lui refuse, ni des bestiaux, ni des moyens d'assurer leur existence; pas de fumiers, on les brûle; les céréales sont envahies par des plantes parasites qui leur disputent la terre; pas une prairie, pas une récolte sarclée. — Là, commence à s'accentuer la marche vers le progrès; cette marche est en rapport avec des ressources restreintes et souvent des idées rétrogrades. Les cultures sont plus riches et plus variées; les prairies grandissent en étendue et en qualité; la vigne fait son apparition; quelques instru-

ments perfectionnés se substituent aux engins
arabes; les animaux sont plus soignés et à peu
près nourris. — Ailleurs, s'observent de longs
et persévérants efforts, une initiative ferme et
résolue, toutes les améliorations compatibles
avec le climat et les ressources dont on dispose;
toutes les réformes, tous les progrès.

En Algérie comme partout, l'agriculture est
loin d'être soumise à des conditions uniformes :
— pour être rémunératrice, elle doit être appropriée au sol, au climat, au milieu économique,
au capital dont elle dispose; elle doit être intelligente. — Il n'est pas vrai qu'elle ne soit qu'une
œuvre de métier qu'on peut abandonner au premier venu pour ignorant qu'il soit; elle constitue une science où l'intelligence est conviée plus
qu'ailleurs à déployer toutes ses énergies, toutes
ses magnificences.

Placée près de la mer, sous le plus beau ciel,
favorisée dans son climat, dans ses terrains
accidentés, l'Algérie serait la plus riche et la plus
prospère contrée du monde si l'agriculteur,
secouant sa paresse, usait des forces et de l'intelligence qu'il a, et s'il tentait d'élever son
industrie au niveau de sa position privilégiée.

L'agriculture, illimitée dans son avenir, doit avoir une marche sans cesse progressive; elle a pour éléments premiers tous les règnes de la nature qui lui imposent leurs lois; c'est à elle qu'incombe le travail si ardu de soumettre ces lois aux nécessités du moment. — En fait de bestiaux, elle doit rendre malléable la matière vivante, et pouvoir en modifier les formes; faire la chair, la graisse, la laine; repétrir l'animal et lui imprimer le cachet de la variété; elle a pour adversaires, dans cette grande œuvre, le sang, les muscles, les nerfs, tout ce qui constitue la vie; elle doit lutter contre leurs réactions et les assouplir à sa volonté.

Le climat, la nourriture, les éléments géologiques ont exercé une grande influence sur les bestiaux algériens : on peut dire qu'il y a autant de races spéciales que de zônes dans la région. C'est la nature qui, répondant aux conditions si multiples de ce pays, a spécialisé ces races pour un certain milieu d'où elles ne devraient pas sortir.

Pour la province de Constantine, faire de l'herbe, multiplier le bétail, sont deux conditions de prospérité, devant les importations toujours croissantes en Europe des bêtes bovines, des moutons, des porcs. — Les deux facteurs de la richesse agricole en Algérie sont la vigne et l'herbe, le vin et le bétail.

Les grands obstacles à l'amélioration de la race bovine sont le manque de principe arrêté pouvant éclairer la marche, l'apathie et la pauvreté de la population rurale, la pénurie des fourrages.

La race bovine arabe n'en est pas à faire ses preuves; — fortement nourrie dans son bas âge, elle rendra les plus grands services à l'Algérie comme à la France où elle est chaque jour de plus en plus appréciée. — énergique, rustique, vive d'allures, robuste et douce, il ne lui manque qu'un peu de taille; cette race et ses dérivés sont remarquables par la sobriété : dépensant peu, elle donne cependant des produits satisfaisants.

C'est là une race toute faite. — On n'a qu'à la perfectionner par la sélection. — Pourquoi s'exposer à la perdre, si l'on n'est pas sûr de faire mieux. — on doit précieusement conserver une race forte et sobre, quand le sol est tourmenté, que les travaux, les charrois, sont faits par les bestiaux, quand on a l'absolu besoin de l'économie. — Par la sélection, en même temps qu'on préparera des moteurs et des travailleurs puissants, sobres et rustiques, on pourra élever la taille, donner la corpulence de façon à ménager pour un avenir prochain une riche alimentation. — par le fourrage, la charpente étant modifiée, on développera les tissus musculaires, et on parviendra, en polissant les surfaces, à étendre la graisse par couches régulières.

Nous ne pouvons comprendre le croisement de la race arabe avec certains animaux *perfectionnés* qui n'ont pas de raison d'être dans un milieu où la condition de l'existence est la sobriété et la rusticité. — à nos yeux, l'alliance entre des races si profondément distinctes ne peut conduire à une amélioration durable.

Maintenons dans sa pureté cette race précieuse. — N'acceptons qu'après de longs essais *réussis et confirmés par le temps* les idées des novateurs qui espèrent en accroître la valeur par l'introduction d'une partie quelconque de sang étranger.

Pour perfectionner la race bovine, au choix judicieux des animaux reproducteurs, il faut allier une riche alimentation.

En Algérie, où la saison chaude est si longue et dessèche tout, il est d'une nécessité absolue de faire d'abondantes provisions de bon fourrage. — Les maïs ou les sorghos, conservés en même temps que les seigles, les chardons et autres plantes, dans des silos, constituent le remède le plus certain à opposer aux sécheresses persistantes. — De nombreux et sérieux ensileurs ont déjà montré tous les avantages qu'on pouvait retirer des maïs et des sorghos pour l'alimentation du bétail.

L'ensilage met à la disposition du colon, pour l'époque où le soleil a dévoré les herbes des pâturages, un supplément d'alimentation fraiche et très-riche en principes alibiles. — Il permet de prolonger la durée des qualités nutritives des végétaux, de façon à les réserver avec toute leur valeur pour le moment des disettes, d'emmagasiner les matériaux d'alimentation. — On admet généralement qu'une partie de l'élément nutritif de l'herbe est détruite par la dessiccation, par la transformation de cette herbe en foin ; on subit donc une perte par cette transformation, même quand le temps est propice; mais, si le temps est contraire pendant la fenaison, combien grandes sont les causes de détérioration des fourrages. — On sait aussi que les foins mouillés ont perdu en partie leurs principes les plus alibiles, et que, subissant souvent une sorte de décomposition, ils peuvent, consommés ainsi, occasionner les désordres les plus graves dans la santé des animaux qui les consomment. — Par l'ensilage, on conjure tous ces dangers.

Le maïs pour la nourriture du bétail devrait être introduit dans chaque exploitation, aujourd'hui qu'il est établi que l'ensilage a pour conséquence d'accroître la valeur alimentaire des fourrages, que la pratique et la science sont d'accord pour proclamer cette vérité. — Ainsi serait servie l'industrie agricole toute entière. — Les maïs et les sorghos donnent à coup sûr et pour tous les moments aux animaux de la ferme une alimentation substantielle et abondante; avec eux, on peut accroître le bétail d'une façon presque illimitée; sur la même contenance on a six fois plus de nourriture qu'avec la meilleure prairie, une nourriture aussi régulière que riche, occasionnant peu de frais de récolte et d'emmagasinage. — « Qu'on essaie de l'ensilage, et l'on saura vite avec quelle économie de moyens et d'argent on peut faire cette opération. » Les maïs et les sorghos sont recherchés des animaux, soit en vert, soit en sec, soit après avoir fermenté dans des silos. — L'essai de la conservation de ces plantes en silos est fait depuis longtemps en Angleterre, en Allemagne, en Italie et en France; partout il a merveilleusement réussi.

Disons, en terminant, que ce qu'on méconnaît en Algérie, ce qu'il faut y introduire, ce sont la spécialisation et l'unité dans les cultures, les fumures intensives, les grandes avances faites au sol et à la plante, la recherche de l'engrais dans les débris de toutes les végétations, les soins de conservation à donner aux fumiers.

Dans une colonie où la population est formée de tant d'éléments divers; où chacun apporte, avec des principes applicables, des erreurs ; où l'expérience n'a pas eu le temps de s'implanter ; où il y a encombrement relatif de toutes les professions, excepté de celle d'agriculteur qui, elle, manque de bras et surtout de têtes, on devrait généraliser les saines notions d'économie rurale, présenter l'agriculture comme la base essentielle de la colonisation, et le fondement de toute économie politique algérienne; l'introduire dans l'instruction publique, afin qu'on ne puisse plus dire, comme on l'a si souvent répété, que l'éducation libérale prépare à toutes les carrières, si ce n'est à la plus libérale de toutes.

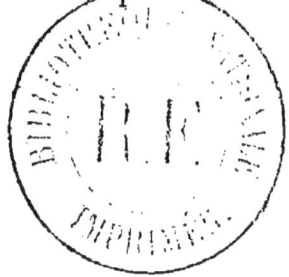

TABLE DES MATIÈRES

~~~~~~~~~~~

Constantine. — Typ. Ad. Braham.

www.ingramcontent.com/pod-product-compliance
Lightning Source LLC
Chambersburg PA
CBHW050614210326
41521CB00008B/1252